疯狂的十万个为什么系列

小笨熊 这就是

数理化 ③

崔钟雷 主编

数学：点·线·三角形·
图形变换

黑龙江美术出版社

杨牧之

国务院批准立项
国家重大出版工程 《中国大百科全书》总主编

1966年毕业于北京大学中文系，中华书局编审。曾经参与创办并主持《文史知识》（月刊）。1987年后任国家新闻出版总署图书司司长、副署长。第十届全国人大代表、教科文卫委员会委员。现任《中国大百科全书》总主编、《大中华文库》总编辑、《中国出版史研究》主编。

崔钟雷主编的"疯狂十万个为什么"系列丛书、百科全书系列丛书，是用中国价值观、中国人喜闻乐见的形式，打造的送给孩子们的名家彩绘版科普读物。我祝贺它们的出版。

杨牧之
2018.1.9
北京

编委会

总 顾 问：杨牧之

主 编：崔钟雷

编委会主任：李 彤 刁小菊

编委会成员：姜丽婷 贺 蕾
张文光 翟羽朦
王 丹 贾海娇

图书设计：稻草人工作室

▪ 崔钟雷
2017年获得第四届中国出版政府奖"优秀出版人物"奖。

▪ 李 彤
曾任黑龙江出版集团副董事长。
曾任《格言》杂志社社长、总主编。
2014年获得第三届中国出版政府奖"优秀出版人物"奖。

▪ 刁小菊
曾任黑龙江少年儿童出版社编辑室主任、黑龙江出版集团出版业务部副主任。2003年被评为第五届全国优秀中青年（图书）编辑。

大角

小角

比较两个角的大小

神奇的"点"精灵如何变为"线"和"面"?

几何图形 人们肉眼所见的一切事物都是由点、线、面等基本几何图形组成的,它们组合成多姿多彩的图形世界。

这个神奇的事情和我有关。

我是认真学习的小文。这天,在我身上发生了一件神奇的事情……

我的身体怎么变得这么小?

我是数学精灵,让我带你走进几何世界吧!

包围着体的是面,面有平面和曲面两种,我和正方体的面就是平面。

我是球体,我的面是曲面。

这些是正方体、长方体、圆柱体……它们都是几何体,简称为"体"。

家里的地板、教室的黑板、课桌的桌面都是平面;而放大镜的镜面、足球的表面都是曲面。

面和面相交的地方是线，线和线相交的地方就是点。点、线、面、体经过运动变化，就能组合成各种各样的几何图形！

有些几何图形（如线段、角、长方形等）的各部分都在同一平面内，它们是"平面图形"；有些几何图形（如长方体、正方体、球等）的各部分不都在同一平面内，它们是"立体图形"。

为了验证上述知识点，现在将长方形纸的一边粘在木棒上，用双手不断旋转木棒，是不是出现了一个圆柱体呢？再将长方形纸换成三角形纸，又出现了什么立方体呢？换成半圆形纸呢？快去试一试吧！

长方形纸

固体胶

小木棒

粘贴

快速旋转

其实图形都是由点、线、面构成的，点动成线，线动成面，面动成体。

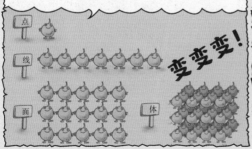

点

线

面

体

变变变！

数学真有趣！

小文，今天你学到了不少知识呢！

成长过程中，"点"遇到了哪些烦恼？

将线段的一侧无限延长，会得到一条射线，再将射线的另一个端点也无限延长，就得到了一条直线。

小点，你看外面的世界多美好！

我要快快长大，去看更美丽的地方！

有一天，小点遇到了刺猬。

我长大了吗？

你现在已经变成一条线段了，你的头和尾巴就是你的端点。

小点，好久不见，你都长这么大了！

线段又遇到了好朋友兔子。

线段，我送你一个漂亮的蝴蝶结，你就戴在你的中点上吧。

真的很好看，可是什么是中点啊？

如果有一个点将线段分成两条长度相等的线段，那么这个点就是原线段的"中点"。

两点之间哪种连线最短呢？

当然是线段。

你知道吗

两点的所有连线中，线段最短。连接两点间的线段的长度，叫作这两点的"距离"。

线段，我刚好摘了几个桃子，送给你一个！

谢谢你，小猴子！

线段吃下桃子，感觉头上的端点越长越高，它成了一条射线。

什么是射线？

线段向一个方向无限延长就形成了射线，看来你不能继续在森林里生活了，你再向北方走一走，那里有一个传送门，它会送你到一个神奇的地方。

将线段向一个方向无限延长就会形成射线，射线只有一个端点。

射线循着小鸟说的方向继续前进,遇到一条自称是自己妈妈的直线。

射线,过段时间你也会变为直线的!

是我粗心,前几天散步时把你弄丢了。

这位妈妈可真够粗心的。

经过两点有且只有一条直线。当两条不同的直线有一个公共点时,我们就称这两条直线"相交",这个公共点叫作它们的"交点"。

端点

线段

直线

射线

一条线段是由许许多多的点组合而成的,这条线段两端的点,叫作线段的"端点"。将线段的一侧无限延长,就得到了一条射线,这时再将射线的另一个端点也无限延长,就得到了一条直线,所以直线是没有端点的。

没想到小小的点能变成这么多种线!

森林中，一场盛大的晚宴是如何展现的？

旋转

选择不同的旋转中心和旋转角旋转同一个图案，会出现不同的效果。

在森林深处有一群美丽的舞蹈精灵，它们很少出现在人们的视野中，但是每年它们都会举办一场盛大的晚宴……

魔法仙女

我要一个可以"平移"的舞台。

这就要运用到平移的知识。平移前后的舞台，对应线段相等，对应角相等，对应点所连的线段也相等。

真好玩儿，这个舞台居然可以移动！

在平面内,将一个图形上的所有点都按照某个直线方向作相同距离的移动,这样的图形运动叫作图形的"平移运动",简称"平移"。平移不改变图形的形状和大小。

首先,有请轴对称舞蹈队表演!大家热烈欢迎。

我们以大树为轴,组成了一个菱形。之后,这个菱形沿着大树折叠,树的左右两侧的图形就会完全重合。

这个图形就是轴对称图形,这棵大树就是它的对称轴,折叠后重叠的点叫作"对称点"。

疯狂的小笨熊说

如果一个平面图形沿一条直线折叠,直线两旁的部分能够重合,这个图形就叫作"轴对称图形",这条直线叫作"对称轴",我们也说这个图形关于这条直线(成轴)对称,折叠后重叠的点叫作"对称点"。

手中的钟表和镜子中的钟表呈现出的画面居然不一样。

因为两个钟表成轴对称啊!

11

为了活跃气氛,魔法仙女邀请台下的小熊一起跳舞。

把一个平面图形绕着平面内某一点O转动一个角度叫作"图形的旋转",点O叫作"旋转中心",转动的角叫作"旋转角",如果图形上的点p经过旋转变为点p',那么这两个点叫作这个旋转的"对应点"。

两个正在变换的图形的旋转中心不变,旋转角度改变,产生了不同的旋转效果。

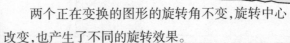

两个正在变换的图形的旋转角不变,旋转中心改变,也产生了不同的旋转效果。

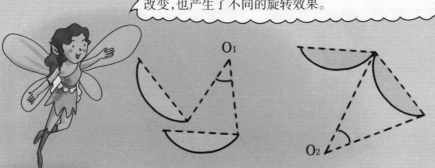

中心对称舞蹈队开始了它们的表演。

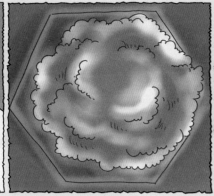

它运用的是有关中心对称的知识。

我以大树为旋转中心旋转 180 度后，就会与右侧那个星星重合！

聪明的小笨熊说

把一个图形绕着一个点，也就是这棵树的中心旋转 180 度，如果它能够与另一个图形重合，那么就说这两个图形关于这个点"对称"或"中心对称"，这个点叫作"对称中心"，简称"中心"，这两个图形在旋转后能重合的对应点叫作关于对称中心的"对应点"。

我们运用今天学到的数学知识来跳一支美丽的舞蹈吧！

我们旋转一下，关于这棵大树成轴对称。

好的，我们快来试试。

伙伴们，跳起来！

你的数学是舞蹈老师教的吗？

角 角是由两条具有公共端点的射线组成的,两条射线的公共端点是这个角的"顶点"。

雯雯报了一门舞蹈课。

舞蹈室地板上的图案和数学课上的"角"十分相似,真有趣!

旋转!

角可以分为锐角、直角、钝角、平角、周角、负角、正角、优角、劣角和零角。

今天学习舞蹈动作之前,我要教大家一些数学知识。我们常用量角器量角,度、分、秒是常用的角的度量单位。把一个周角平均分成360份,每一份就是1"度"的角,记作"1°";1度的1/60是1"分",记作"1′";1分的1/60是1"秒",记作"1″";角的度、分、秒是60进制的。

舞蹈老师

老师说的角的度量和计量时间的时、分、秒竟然是一样的!

接下来,我再说一下量角器的使用方法,大家认真听!

首先,在纸上画一条射线,作为参考线。

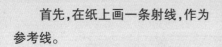

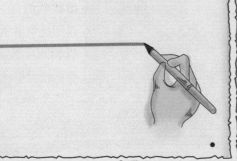

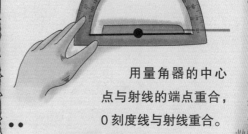

用量角器的中心点与射线的端点重合,0刻度线与射线重合。

在量角器上找到所要画的角度的刻度线,在该刻度线所对应的纸上的位置画一个点。

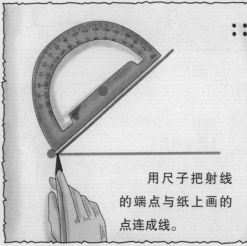

用尺子把射线的端点与纸上画的点连成线。

15

老师说地板上这些不同角度的角会对今天学习的旋转动作有很大帮助。

角可以看成由一条射线绕着它的端点旋转而成，一条射线绕着它的端点旋转，当终边和始边成一条直线时，所成的角叫作"平角"。始边继续旋转，当它又和始边重合时，所成的角叫作"周角"。

怎么比较不同角的角度呢？

大角

小角

与线段长短的比较类似，可以用量角器量出我们的度数，然后比较大小。

也可以把我们的一条边叠合在一起，通过观察另一条边的位置来比较大小。

两个星期之后就要上台演出了，我要给大家展现最美的舞姿。

16

老师说要两人一组转出一个直角。如果两个角的和等于90°（直角），那么这两个角互为"余角"，即其中每一个角是另一个角的余角。

雯雯，你转了30°，那我就转90°减去30°，也就是60°。

平角　　角平分线

今天的课就上到这里，给大家留两个小作业。第一，大家研究一下两个人如何转出平角；第二，下次课我们要学习两个人在一个大角的平分线上同时向两侧旋转的动作，大家回去想一想，同学们再见！

疯狂的小笨熊说

从一个角的顶点出发，把这个角分成两个相等的角的射线，叫作这个"角的平分线"。另外，角平分线上的点到该角两边的距离相等。

相等。

相等。

角平分线

动物王国中，谁是烘焙小能手？

三角形 三角形是由同一平面内不在同一条直线上的三条线段首尾顺次相接所组成的封闭图形。

一年一度的烘焙艺术大赛即将开始。

早上好!你也去参加烘焙大赛吗?

是的,我准备了很多好吃的食物呢!

请羚羊博士为大家讲解一下比赛规则!

这次大赛的主题是"三角形",大家的作品要与三角形有关。

我知道三角形是由不在同一直线上的三条线段首尾顺次相接所组成的图形,可是这在作品上要怎么体现呢?又如何评判选手的分数呢?

你知道吗!

三角形可以用符号"△"表示,顶点是 A、B、C 的三角形,记作"△ABC",读作"三角形 ABC"。

△ABC 的三边,有时也用 a、b、c 来表示。线段 AB、BC、CA 是三角形的边,点 A、B、C 是三角形的顶点。∠A、∠B、∠C 是相邻两边组成的角,叫作三角形的"内角"。

我们第一轮的比赛规则是:选手们抽签选择烘焙的饼干形状,评委们根据边和角的标准度打分。

斑马组的题目是"斜三角形",这一组做了一个锐角三角形的饼干和一个钝角三角形的饼干,这两种都是斜三角形,同样给满分!

咱们的题目分为两类,一类是按角分类的三角形,一类是按边分类的三角形,我们先看第一类。

梅花鹿组抽到的是"直角三角形",这一组的饼干其中一个角的角度刚刚好是 90°,符合标准,给满分 10 分。

第一轮比赛结束后……

我们组的题目是"等边(正)三角形",可是我们没能做到三边相等,只得了 5 分……被淘汰了。

遗憾!

我们的题目是底边和腰不相等的等腰三角形，最终，我们只得了 7 分。

在等腰三角形中，相等的两边叫"腰"，另一边叫作"底"，两腰的夹角叫作"顶角"，腰和底边的夹角叫作"底角"，等边（正）三角形就是特殊的等腰三角形。

三角形两边长度的和大于第三边，两边长度的差小于第三边。大家拿条形面包当作边，能否拼成三角形呢？

若三角形两条较短的线段长度之和大于最长线段的长度，则这三条线段可以组成三角形。反之，不能组成三角形。因此，已知三角形两边长，可求第三边长的取值范围。

第二轮比赛中，我们用果酱在刚才制作的三角形饼干上，画出所抽题目中关于三角形的三条重要的线。

我是三角形的高，梅花鹿把我画得很好，只可惜果酱没抹匀，扣了 1 分。

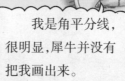

我是角平分线，很明显，犀牛并没有把我画出来。

我是中线，斑马把我画得特别准确，得到了满分。

恭喜斑马获得冠军,这个奖杯也被制成了三角形,具有很好的稳定性!

恭喜斑马!为了庆祝比赛圆满结束,我们给大家准备了美食,都是新鲜出炉的糕点!

烘焙艺术大赛

谢谢羚羊博士!谢谢大家!

是啊!大家可以测量一下这些三角形糕点,不论大小与种类,它们的三个内角相加都是180°!

羚羊博士,数学书上写着:过三角形的一边与另一边的延长线组成的角叫"三角形的外角",这桌子上面的面包也组成了外角!

真的是啊!

迫不及待想尝一尝了!

三角形的一个外角大于与它不相邻的任何一个内角,三角形的一个外角等于与它不相邻的两个内角的和。

从三角形的一个顶点向它的对边作垂线,顶点和垂足之间的线段叫作"三角形的高";三角形的角平分线是指在三角形中,一个内角的平分线和对边相交,这个角的顶点和交点之间的线段;三角形的中线是在三角形内连接一个顶点和它的对边中点,形成的一条线段。

妈妈,还真是这样呢!

立体几何展开图规律

1.沿多面体的棱将多面体剪成平面图形,若干个平面图形也可以围成一个多面体。

2.同一个多面体沿不同的棱剪开,得到的平面展开图是不一样的,就是说:同一个立体图形可以有多种不同的展开图。

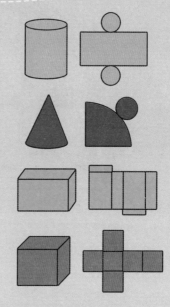

▲ 不同多面体的平面展开图。

共面和异面

共面包括相交和平行(一般不考虑两直线重合),异面指既不平行也不相交的两条直线。这里特别强调一个特殊的位置关系:垂直。垂直包括共面垂直和异面垂直,没有特别指明的话,两种都有可能。

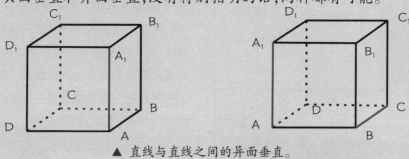

▲ 直线与直线之间的异面垂直。

三角形的"三心"

1.任意三角形都有三条角平分线，并且它们相交于三角形内一点。(内心)

2.三角形有三条中线，它们相交于三角形内一点。(重心)

3.任意三角形都有三条高线，它们所在的直线相交于一点。(垂心)

▲ 三角形三条平分线。

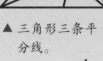

▲ 三角形三条中线。

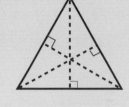

▲ 三角形三条高线。

解直角三角形的小秘密

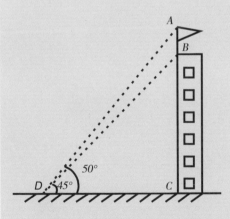

▲ 测量高大建筑的高度可以运用解直角三角形的相关知识。

1.有斜用弦：条件或求解中有斜边时，用正弦 sin 或余弦 cos。

2.无斜用切：条件或求解中没有斜边时，用正切 tan 或余切 cot。

3.取原避中：尽量用原始数据，避免中间近似，否则会增大答案的误差。

4.宁乘勿除：能用乘法的尽量用乘法，可以提高计算的准确度。

图书在版编目(CIP)数据

小笨熊这就是数理化. 这就是数理化. 3 / 崔钟雷主
编. -- 哈尔滨：黑龙江美术出版社，2021.4
（疯狂的十万个为什么系列）
ISBN 978-7-5593-7259-8

Ⅰ. ①小… Ⅱ. ①崔… Ⅲ. ①数学 – 儿童读物②物理
学 – 儿童读物③化学 – 儿童读物 Ⅳ. ①O-49

中国版本图书馆 CIP 数据核字（2021）第 058185 号

书　　名 / 疯狂的十万个为什么系列
FENGKUANG DE SHI WAN GE WEISHENME XILIE
小笨熊这就是数理化　这就是数理化 3
XIAOBENXIONG ZHE JIUSHI SHU-LI-HUA
ZHE JIUSHI SHU-LI-HUA 3

出 品 人 / 于　丹
主　　编 / 崔钟雷
策　　划 / 钟　雷
副 主 编 / 姜丽婷　贺　蕾
责任编辑 / 郭志芹
责任校对 / 徐　研
插　　画 / 李　杰
装帧设计 / 稻草人工作室
出版发行 / 黑龙江美术出版社
地　　址 / 哈尔滨市道里区安定街 225 号
邮政编码 / 150016
发行电话 / (0451)55174988
经　　销 / 全国新华书店
印　　刷 / 临沂同方印刷有限公司
开　　本 / 787mm×1092mm　1/32
印　　张 / 9
字　　数 / 300 千字
版　　次 / 2021 年 4 月第 1 版
印　　次 / 2021 年 4 月第 1 次印刷
书　　号 / ISBN 978-7-5593-7259-8
定　　价 / 240.00 元（全十二册）